Eddy el Electrón se convierte a la energía

Solar

una historia divertida y educativa sobre photovoltaics

Kim Auberson

Publicado por Auberson Y Graydon Productions, LLC
Tempe, AZ

Autora: Kim Auberson
Illustrador: Blaise Auberson
Director Artístico: Steve Graydon
Traductor: Nikki O'Sullivan Bloom

Visit www.solareddy.com para información sobre futuras publicaciones.

Certificate of Registration for Eddy VAu 1-001-153
Effective date of registration September 20, 2009
For Phyllis VAu 1-001-150 September 20, 2009

En 1921 se otorgó el Premio Nobel de Física a Albert Einstein por su explicación sencilla de cómo la luz se absorbe por cualquier elemento. Cuando un elemento como el silicón absorbe la luz del sol entonces emitirá electrones.

La investigación de Einstein llevó al desarrollo de la célula solar moderna. Las células solares convierten la luz en electricidad, proceso conocido también cómo efecto fotovoltaico. El efecto fotovoltaico fue demostrado hace más de 100 años por primera vez.

Esta es la historia de como una fotona llamada Phyllis se topó con un electrón llamado Eddy y sus aventuras después de su encuentro emocionante.

Eddy acababa de mudarse a un nuevo panel solar en el desierto. Le gustaba mucho su nuevo sitio y el clima era magnífico. Bonito y soleado!

El poco sabía que lo que iba a pasar
cambiaría su vida para siempre.

De 93 millión de millas de distancia, Phyllis la fotona vino volando de su hogar en el sol. Se dirigía directamente hacia la casa de Eddy en el panel solar.

Phyllis viajaba rápido, y tenía tanta energía, que cuando llegó al panel solar desbalanzó a Eddy y lo sacó fuera de su orbital acogedora. Ahora era libre para flotar alrededor de la célula fotovoltaica que era un cristal de silicio grande.

Eddy se emocionó tanto que casi no sabía que hacer con toda su energía. Pero mientras flotaba libremente en el silicio, se sintió jalado de repente para un lado! Los diseñadores de la célula fotovoltaica habían colocado un crucero de ferrocarril tipo p–n a lo largo del centro, que creaba un campo eléctrico permanente para mostrar el camino a los electrones. Sin botar alrededor más, Eddy sabía perfectamente a dónde ir: directo al borde de la célula, dónde un cable de cobre ya le esperaba.

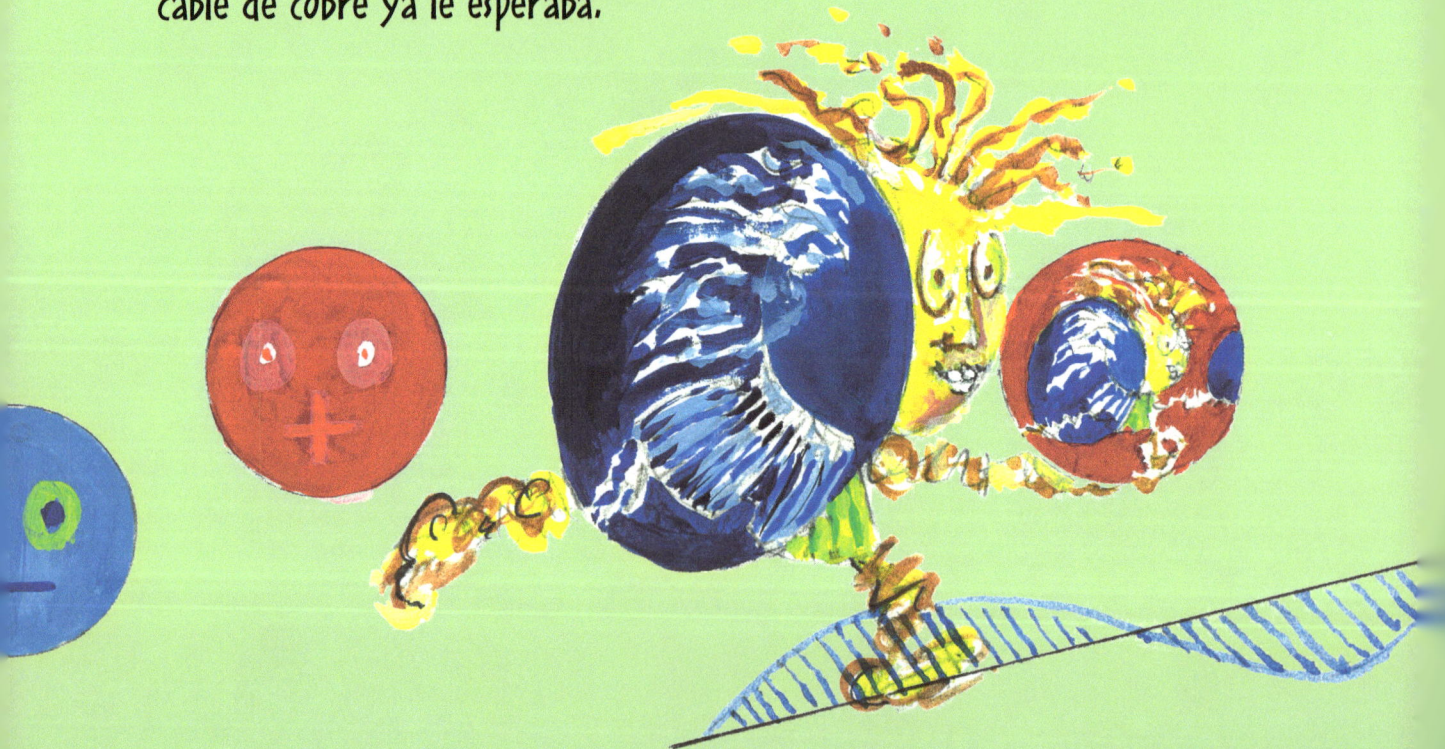

Volando pasó algunos hoyos. Eran átomos solitarios, por faltarles uno de sus electrones. Los hoyos se movían también! Algunos electrones al pasar se caían dentro de estos hoyos y reposaban de nuevo en su orbital acogedora como los átomos de su antiguo hogar. Eddy sintió algo triste por los átomos solitarios, pero sabía que no quedarían vacíos por mucho tiempo. Eddy llegó a la terminal de cobre con energía demás.

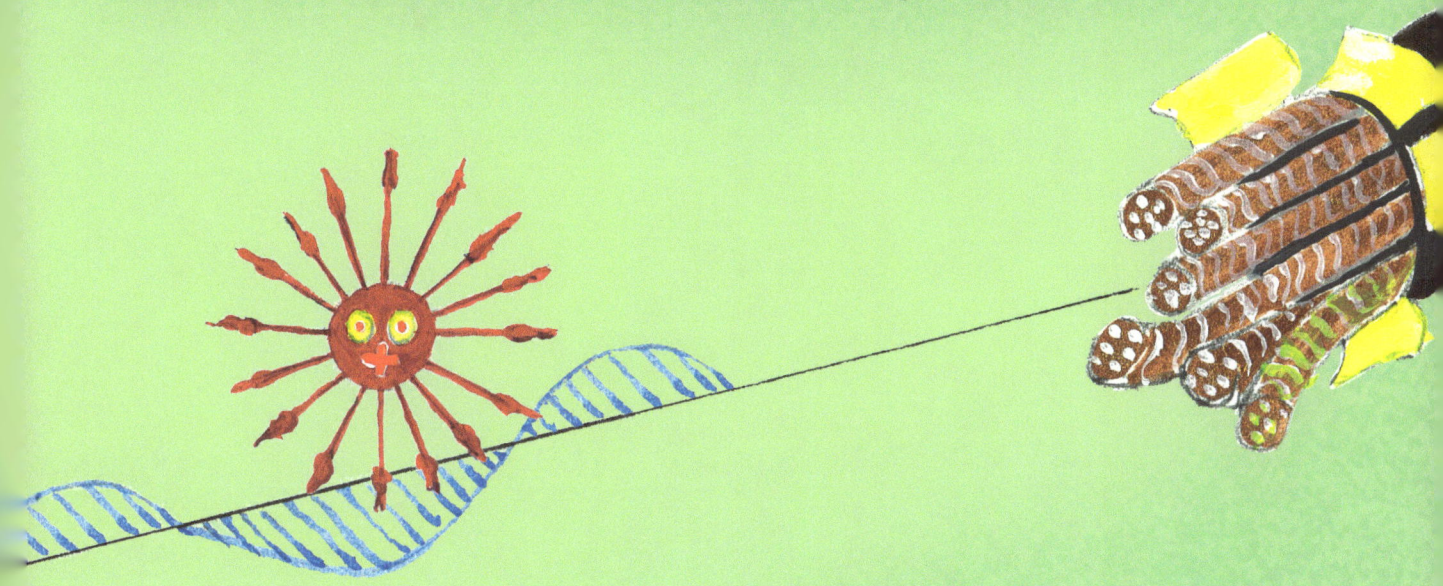

Eddy se dio cuenta que ya no estaba dentro de
su panel solar. Aunque todo esto era una novedad,
Eddy se sintió sorprendentemente contento sobre
su futuro. Se sentía libre como un ave. Saltó
encima de un Jet-ski y surfeó bajo
la corriente sobre los cables de cobre.

Enfrente de él estaba un edificio muy extraño – se llamaba el inversor. Otros electrones le dijeron a Eddy que el inversor era donde la corriente directa cambia a la corriente alterna.

Cuando Eddy llegó a la puerta de enfrente saltó del Jet-ski. Tenía tanta energía que decidió practicar el boxeo con su propia sombra.

Se le ocurrió que sería una buena idea levantar
algunas pesas antes de entrar en el inversor.
Así se mantendría fuerte para
la próxima parte de su viaje.
A Eddy le gusta estar
preparado!

El inversor era un lugar muy extraño y difícil de navegar. Eddy y los otros electrones miraban mientras el cable enfrente de ellos desaparecía. De repente no había ningún lugar a dónde ir. Entonces, un camino se abrió, pero no se veía a dónde iba. Eddy empezó a adelantarse...pero otro camino apareció por el otro lado. Entonces desapareció! Allí! Ahora no! Por allá! Y todo pasaba tan rápido.

Eddy se dio cuenta que el inversor le enseñaba a hacer el baile de la corriente alterna. Con un poco de práctica, empezó a tener sentido. Eddy se columpió hacia atrás y para delante, atrás y delante, al sonido de un "ritmo suave" de 60 ciclos por segundo. Bailando, Eddy con los otros electrones, se produjo una ola que de verdad podría llevarlos al otro lado del inversor! Ahora era una corriente alterna.

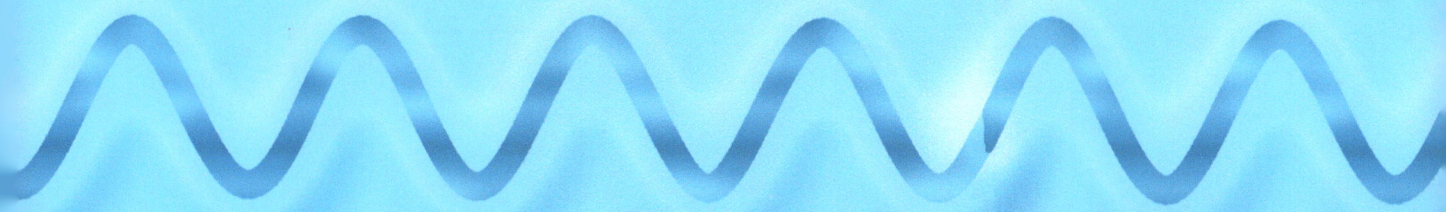

Eddy se divertía de verdad. Estaba en la reja eléctrica y había billón y billones de otros electrones ahí también – todos surfeando lisas y lindas olas.

A Eddy lo empujaba la alta corriente de los demás electrones en la reja. Un deleite para los surfistas!

Eddy viajó así millas y millas. Volvió a pensar en Phyllis y cómo ella había bajado del sol y cambiado su vida. Eddy sabía que sin Phyllis, todavía estaría pasando el tiempo en su átomo de silicio, rotando alrededor en su orbital acogedora.

Eddy empezó a preguntarse a dónde se dirigía en esta reja electrónica tan grande. Toda la actividad empezaba a cansarle y quería un descanso de tanto surfear los cables de alta tensión.

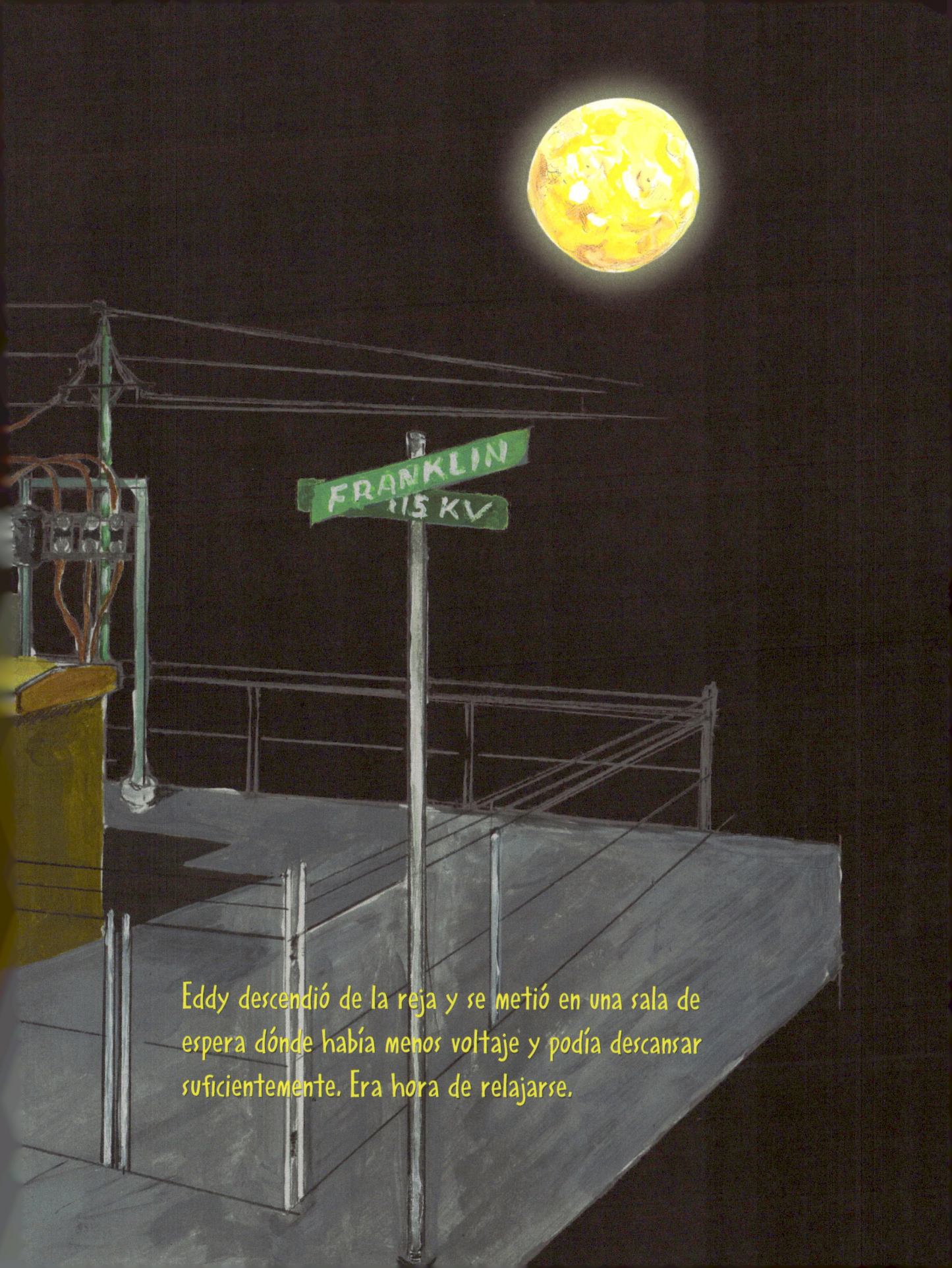

Eddy descendió de la reja y se metió en una sala de espera dónde había menos voltaje y podía descansar suficientemente. Era hora de relajarse.

Entonces APLASTA!!! Sin ningún aviso Eddy fue
jalado a través de un medidor de corriente
eléctrica ¿Qué iba a pasar?

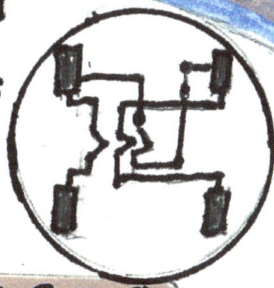

El destino de Eddy se manifestaba. Había sido jalado fuera de su orbital por Phyllis. Así podría compartir su energía con el mundo.

Eddy ahora ha encontrado un empleo fantástico en la ciudad. Trabaja en una compañía de trenes eléctricos. Ayuda a miles de personas a moverse todos los días en un sistema limpio y eficiente.

Electrones limpios se están empezando a emplear por todas partes. Los amigos electrones de Eddy también tienen empleos importantes. Proveen la fuerza eléctrica para iluminación, motores, bombas, ventiladores, entre otras cosas.

Están proveyendo electricidad para nuestras casas, granjas, escuelas y todo tipo de empresas de transportes. Eddy espera que los electrones limpios pronto estén disponibles para proveer de fuerza eléctrica al mundo en el futuro.

Eddy agradece a Phyllis por haber bajado del sol y compartido su luz para que pudiera ser transformado en electricidad útil a todos.

Watts=

$$W = VI$$

amperes × volts

Eddy también da las gracias a todos los científicos e ingenieros quienes laboraron en el desarrollo de la energía solar. Espera que sigamos haciendo la energía solar más eficiente y de buen costo. Todo mundo debe tener acceso a la fuerza eléctrica solar!

Fin

Galería de definiciones

Amperio: (A)	Unidad de corriente eléctrica. Un amperio se refiere a una cantidad específica de electrones pasando por un punto fijo cada segundo.
Atomo	La parte más pequeña de un elemento que está indivisible de manera química.
Medidor Bi-direccional	Un medidor que mide la energía eléctrica en dos direcciones o sentidos.
Corriente	Movimiento de electricidad en un cable.
Diodo	Un componente electrónico que conduce la corriente eléctrica en una sola dirección.
Einstein, Albert	(1879–1955) Einstein era un físico teórico, filósofo y autor a quien se reconoce como uno de los más importante y mejor conocidos científicos e intelectuales de toda la historia. Se le reconoce como padre de la física moderna.
Campo eléctrico	Una característica del espacio que rodea las partículas eléctricamente cargadas.
Electrón	Una parte del átomo que lleva una carga negativa. Partícula indivisible con una carga de –1.
Energía	La fuerza que da vida a una cosa.
Reja	Un sistema de reparto eléctrico desde el punto de generación al punto de consumo. Red de distribución; red de energía eléctrica.
Inversor	Un convertidor eléctrico que cambia la corriente continua (CC) a la corriente alterna (CA).
Medidor	Un mecanismo medidor de la electricidad. Mide el fluir de energía de una línea de distribución a un edificio o otro uso final.
Premio Nobel	Uno de los seis premios internacionales otorgado anualmente por la fundación Nobel por excelentes logros en las áreas de física, química, fisiología o medicina, literatura, y economía y la promoción de la paz mundial.
Orbita	Un sitio donde viven los electrones, en pareja o no.
Fotón	Una partícula elementaria que es la unidad básica de la luz.
Fotovoltaica	La palabra 'fotovoltaica' combine dos definiciones – 'foto' significa luz y 'voltaica' significa voltaje. Las células fotovoltaicas convierten directamente la luz del sol a la electricidad.
Unión P-N	La base de un mecanismo eléctrico llamado diodo el cual permite a la corriente eléctrica fluir en una sola dirección.
Fuerza Eléctrica	La velocidad en que se hace el trabajo o se convierte la energía.
Silicio	Un semiconductor, fácilmente ya sea donando o compartiendo sus cuatro electrones de permitiendo diferentes formas de enlaces químicos. Un elemento químico, que tiene el símbolo Si y número atómico catorce. En la corteza terrestre, el silicio es el segundo elemento más abundante después del oxígeno.
Ola Seno	Una ola continua y uniforme con una frecuencia y amplitud constante.
Solar	Producido por o llegado del sol.
Panel o Módulo solar	Una colección de células solares. Una célula solar es un mecanismo que convierte la energía de la luz (fotones) directamente en energía eléctrica en forma fotovoltaica.
Subestación	Parte de la reja eléctrica. El punto o sitio donde el alta voltaje de transmisión eléctrica se transforma en un voltaje de menos peligro para la distribución eléctrica de un medidor.
Voltio (V)	Unidad de medida de la fuerza, o presión, en un circuito eléctrico.
Vatio (W)	Nombre derivado de James Watt (1736-1819). La unidad utilizada para medir la fuerza eléctrica. Un vatio equivale a un amperio de corriente fluyendo al ritmo de un Voltio.

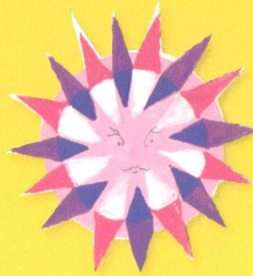

Eddy el Electrón es el resultado de una colaboración entre amigos de mucho tiempo, Kim Auberson, Blaise Auberson and Steve Graydon.

La Autora

Kim Auberson obtuvo un grado B.A. en Estudios Ambientales de la Universidad del condado de Sonoma, 2005 [Estudios Ambientales y Planificación, Universidad de Sonoma, California, 2005]. Kim enfocó su educación en diseño y dirección de programa para el programa de ingeniero, arquitectura y economía. Trabaja para una compañía fotovoltaica en Arizona y vive en la isla grande de Hilo, Hawaii. A Kim le gustaría agradecer a sus maestros, el Señor Galen George y la Doctora Alexandra von Meier por haber hecho de su aprendizaje de química y energía una experiencia divertida y valiosa.

El Ilustrador

Nacido en Suiza el artista Blaise Pascal Auberson está titulado por Silvermine Collegio de Arte en Nuevo Canaan, Connecticut. Ha presentado obras en exposiciones de arte en Europa y los Estados Unidos. Blaise maneja la pintura, escultura y media mixta. Ha pasado la mayor parte de su vida en California del Norte trabajando como artista y jardinero. Blaise ahora reside en Tempe, Arizona donde pasa la mayor parte de su tiempo trabajando en su estudio.

El Director de Arte

El diseñador gráfico Steve Graydon ha estudiado arte en California y Aix-en-Provence, Francia. Hace su hogar en California del Norte y su hogar espiritual en Nuevo Orleans. El recuerda el primer Día de la Tierra y espera que los Estados Unidos y el mundo entero pronto hallaran el camino a un futuro de energía limpia.

A sample of upcoming titles from Auberson & Graydon Productions, LLC

Eddy and Sweeney Visit the Wetlands

Eddy Researches the Smart Grid

Eddy Explores Biomass Energy Sources

Eddy Catches the Wind

Eddy Digs Geothermal Energy

Eddy Dives Into Hydropower

Este libro está dedicado a todos los niños del mundo.

Gracias a Dr. von Meier para su contribuciones
encantadoras al libro referente al inversor.

www.ingramcontent.com/pod-product-compliance
Lightning Source LLC
Chambersburg PA
CBHW052049190326
41521CB00002BA/157